目录

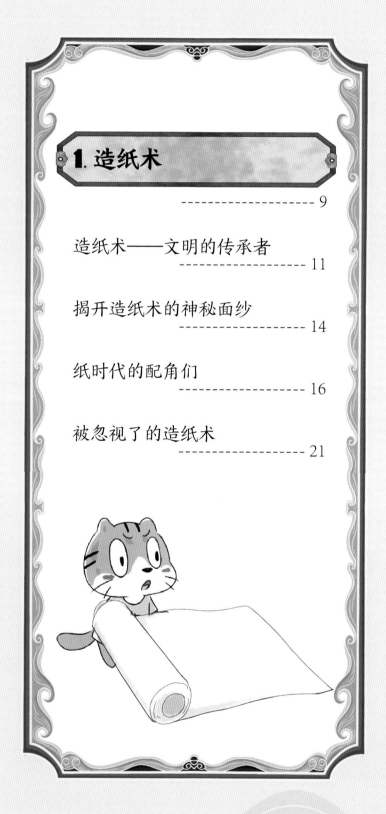

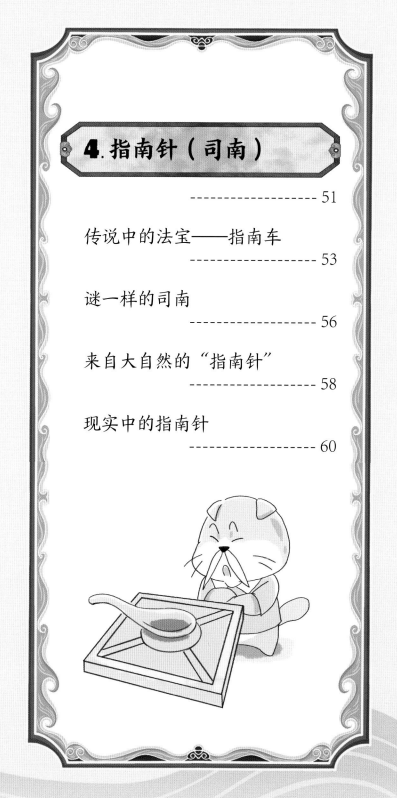

"四大发明" 说法 的由来

你们知道中国古代四大发明是哪四个吗？

这不简单吗？造纸术、印刷术、火药和指南针。

我们要强调下，这里所说的印刷术特指活字印刷术。毕竟，中国古代有雕版印刷术和活字印刷术两种印刷术呢！

雕版

活字

雕版

我好不容易挑出中国古代一百个堪称世界第一的发明，你们只知道四个吗？

罗伯特·坦普尔（Robert K.G.Temple,1945- ），此人被称为"民间科学爱好者"，国际主流学术界不承认其诸多观点。

1935年后，"四大发明"的说法在中国流传开来。但中国古代的伟大发明太多了——美国学者罗伯特·坦普尔根据英国学者李约瑟所著的《中国科学技术史》一书总结列举了一百个中国古代堪称世界第一的发明，为什么只有这四个发明被称作"四大发明"呢？是谁提出了"四大发明"的说法呢？

"四大发明"不是从古代就传下来的说法吗？

什么！古代最早竟然只有三大发明？而且提出这个说法的还不是我们中国人？

看来我得好好跟你们聊聊了，不然有点儿对不起咱们祖先的伟大发明啊！

> 1550 年，意大利数学家杰罗姆·卡丹最早提出"三大发明"的说法。

居然是意大利人最先提出来的，太不可思议了！

杰罗姆·卡丹（Jerome Cardan, 1501-1576）

在古代世界史上，没有其他发明能匹敌指南针、印刷术和火药这三大发明。

那这个说法是怎么传到中国的呢？

卡丹第一个提出了这个说法，但在中国没产生什么反响。1620 年，英国学者弗朗西斯·培根在著作《新工具》中，对指南针、印刷术和火药的意义和贡献做出了经典的评论。

指南针、印刷术和火药，是改变世界面貌和状态的三项重大发明！

弗朗西斯·培根
（Francis Bacon, 1561-1626）

这里的培根可不是熏肉哦！而是文艺复兴时期英国著名散文家、哲学家弗朗西斯·培根。他是实验科学的创始人，提出了科学归纳法，并制订了科学研究的步骤。

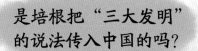

1863年初，马克思在其《经济学手稿》笔记本上写道：

火药、指南针、印刷术是预告资产阶级社会到来的三大发明。火药把骑士阶层炸得粉碎，指南针打开了世界市场并建立了殖民地，而印刷术则变成了科学复兴的手段。

卡尔·马克思
（Karl Marx, 1818—1883）

马克思：马克思主义的创始人之一，第一国际的组织者和领导者，马克思主义政党的缔造者之一，全世界无产阶级和劳动人民的革命导师，无产阶级的精神领袖，国际共产主义运动的开创者。

三大发明源自中国！

还有造纸术哦！

对对对，应该是四大发明！

当然，除了这三个人外，还有让·博丹、约翰内斯·施特拉丹乌斯、麦都思、艾约瑟、雷慕沙、托马斯·卡特等，他们都高度肯定"三大发明"说法的重要性，卡特等人还进一步提倡"四大发明"的说法。

哇，这么多人都夸过四大发明吗？

四大发明

在完全没有中国人参与的情况下，西方学者们主动对"四大发明"的说法推崇备至。正是他们前后几百年不断夸赞四大发明，才让"四大发明"的说法在西方人心中扎下了根。

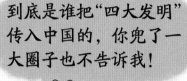

到底是谁把"四大发明"传入中国的，你兜了一大圈子也不告诉我！

哈哈哈，别着急。说来话长，听我慢慢道来。

大概要从清朝末年开始说起。鸦片战争后，中国被迫打开国门。随着各方面交流的加强，"三大发明"和"四大发明"的说法传入中国，中国留学生可能在其中起到了重要作用。

啊？什么四大发明？

你们中国人的四大发明可真厉害啊！

留学生是怎么知道的呢？

你新认识一个外地朋友后会和他聊他家乡的话题吧？那时的西方人这么认可"四大发明"的说法，怎么可能不聊呢？

那留学生可不是要被问蒙了？

不仅留学生被问蒙了，整个中国的学者们都快蒙了！此后，"三大发明"和"四大发明"的说法在中国迅速传播起来。比如，中国历史学家向达就在1930年于《中学生》杂志发表了一篇文章——《中国四大发明考之一（中国印刷术的起源）》。

四大发明让西方走向先进，但是作为起源地的中国，怎么愈加落后，在晚清时还沦落到被瓜分的地步呢？

是啊，为什么呢？

这可是困扰了中国知识分子整整百年的谜题。连国外学者都百思不得其解，最后演变成了著名的"李约瑟难题"……

1
造纸术

"三大发明"的说法在西方学术界流传了三百多年，为什么后来又增加了造纸术，从三大发明变成四大发明了呢？

10

造纸术——文明的传承者

为什么造纸术这么重要？为何它会被列入四大发明？我们可以从纸对文化传承的影响讲起。

比如在**先秦**时期（一般指**春秋战国时期**），中国传统文化的主要学术思想几乎都源于这个时期，那些我们尊称为"子"的人——**孔子、老子、庄子、墨子、孟子、荀（xún）子……**基本上都生活在这个时期。

孔子　老子　庄子　墨子　荀子　孟子

据《汉书·艺文志》记载，这时期有名可查的学问有**189种**，共诞生了**4324篇**学术著作，其中有**10种**学问后来发展成了传承有序的大型学派（**儒家、道家、墨家、名家、法家、阴阳家、纵横家等**）。

"子曰：人之初，性本善。"这是哪个"子"说的呢？

这么多种学问和学术著作，流传至今的却只有少数，绝大多数典籍未能逃过光阴的侵蚀。例如，名家的开山之祖惠子写在竹简上可以装满五辆马车的著作已经全部失传！

为什么没能流传下来？
可能就是因为**没有纸**……

你家有没有藏书？

没……没有。

还好我的书是纸做的，不然就被发现了。

那你背篓背的是什么？

学问的流传与纸的出现有很大关系。惠子装满五辆马车的竹简上的文字量可能只有几万字，但巨大的体积和重量导致竹简难以保存，非常容易损毁于天灾人祸。毕竟，比起一本书就能装满一间屋子的简牍，一本纸书就好保存多了。

造纸术是中华民族的伟大发明。因为有纸，中国传统书法、绘画艺术才能如此辉煌。因为有纸，中华文明才成了四大文明古国中唯一没有断绝传承的灿烂文明。如果早一点有纸，或许春秋战国这189种学问和4324篇学术著作就能保存下来！

据目前所知，中国人在西汉时已经懂得了造纸的基本方法。

揭开造纸术的神秘面纱

①浸湿原料

②切碎

③浸灰水

④蒸煮

⑤洗涤（dí）

⑥舂（chōng）捣

⑦打浆（又称打槽）

⑧抄纸

⑨晒纸

⑩揭纸

西汉时，中国人用浇纸法制造纸张，已知现存最古老的纸——甘肃天水放马滩西汉墓所出土的麻纸就是用浇纸法制造的。

东汉时，中国人又发明了抄纸法。蔡伦改进的造纸术极有可能就是抄纸法，他也因此被尊称为"纸神"和"造纸鼻祖"。

纸时代的配角们

古巴比伦

大约在公元前 3200 年，两河流域的**苏美尔人**发明了**楔（xiē）形文字**和**泥板书**。写在湿泥板上的楔形文字经晒干或烘干就变成了泥板书。但泥板沉重且易碎，晒干或烘干后还**无法修改**，保存信息的能力不强。

古埃及

大约在公元前 3000 年，古埃及人开始使用莎（suō）**草纸**。这是一种用莎草制成的书写载体，而并非真正的纸。莎草纸只是对莎草进行了简单加工：将莎草的内茎切片后放入水中浸泡至少 6 天，之后拼合，然后敲打晒干。可惜，莎草纸一般只能在干燥的沙漠环境里保存，空气湿度稍微大些就**容易霉坏**。9 世纪时，埃及开始使用中国纸，莎草纸制造技术也逐渐失传，直到 20 世纪，人们才复原了这项技术。

古代中国

在发明造纸术之前，中国人在**龟甲和兽骨**上写字，在**石头和峭壁**上写字，在**陶器和青铜器**上写字，在**竹简、木牍和丝帛**上写字。大约在西汉时期，中国人发明了浇纸法造纸。后来，东汉时期的蔡伦可能运用了抄纸法改进造纸术，用树皮、渔网、布头等废旧材料造纸，大大降低了造纸成本。但废旧材料无法支撑大汉王朝庞大的用纸需求，所以在竹纸发明之前，真正的纸时代并没有来临。不过，中国纸的制造难度、制造成本、保存难度都属于居中水平，尽管优势并不明显，却是最适合的。

古印度

古印度有一种名为"贝叶棕"的棕榈（lǘ）科植物，叶片很大，简单加工后就可以写字。唐朝高僧玄奘（zàng）西天（古印度）取经带回了657卷《贝叶经》（部分现存陕西西安大慈恩寺）。除了大小受贝叶本身尺寸所限之外，贝叶纸跟莎草纸存在同样的问题——长期保存非常困难，虽然棕榈树叶可能比莎草纸在耐霉变方面更优异一些。如此看来，大慈恩寺的《贝叶经》历经一千多年风雨仍完好如初，真可谓无价之宝了！

玛雅文明

　　玛雅人将树皮纸和鹿皮纸制成了书写载体。树皮纸的原料是当地一种无花果属植物的嫩树皮等，工艺较为复杂，大约在 3 世纪中叶问世。鹿皮纸的工艺与羊皮纸类似。可惜的是，由于西班牙殖民者的破坏，失落的玛雅文明只留下了寥寥数卷古抄本。

古希腊

　　古希腊在发明羊皮纸之前，一直自古埃及进口莎草纸，到公元前 2 世纪，埃及托勒密王朝禁止向希腊出口莎草纸。于是，**帕加马王国开始用羊（或其他动物）的皮制成羊皮纸**。羊皮纸也不是真正的纸，但胜在质地**坚实**，利于书写和装订，又**方便长期保存**。直到中世纪，西欧仍广泛使用羊皮纸。但缺点也很明显，多少张羊皮才能写一本书呢？羊皮纸实在**太贵了**！

贝叶纸

莎草纸

中国纸

敬惜字纸

羊皮纸

名称	制造难度	制造成本	保存难度	传播难度
莎草纸	☆	☆	☆☆☆☆☆	☆☆☆
羊皮纸	☆☆☆☆☆	☆☆☆☆☆	☆☆☆	☆☆☆
贝叶纸	☆	☆	☆☆☆☆	☆☆
中国纸	☆☆	☆☆	☆☆	☆

造纸术发明后，我国的造纸工艺不断提高。施胶、填料、染黄、表面涂布、纸药等工艺技术在魏晋南北朝时期已得到使用。造纸原料也不断拓展，藤皮、桑皮、楮（chǔ）皮、青檀皮、竹子等材料都被用于造纸。

古代纸的品种繁多，历史上曾出现一些质量极高、非常珍贵的名纸。澄心堂纸始制于南唐，以南唐皇宫中的宫殿"澄心堂"命名。南唐后主李煜对书画用纸要求极高，澄心堂纸肤如卵膜、坚洁如玉、细薄光润，备受李煜喜爱。澄心堂纸被评为中国造纸史上最好的纸，但其制作工艺已随着南唐的灭亡而失传，流传在外的澄心堂纸也很少。后世虽然仿制了澄心堂纸，但始终不如原版。许多文人墨客视澄心堂纸若珍宝，大文豪欧阳修甚至在诗中说："君家虽有澄心纸，有敢下笔知谁哉？"，表明了对澄心堂纸十分珍视，不忍使用的心情。

澄心堂纸

传统手工造纸技艺是我国古代劳动人民的智慧结晶，许多造纸技艺也流传到今天，例如泾县宣纸、龙游皮纸、云南东巴纸、临朐桑皮纸、铅山连四纸、福建玉扣纸，等等。这些手工造纸技艺已经成为珍贵的非物质文化遗产，是中华优秀传统文化的重要组成部分。

被忽视了的造纸术

答案或许和造纸术西传的过程有关。8世纪中叶，阿拉伯人从大唐学会了造纸术。随着阿拉伯帝国的势力扩张到北非，造纸术也传入埃及，并通过地中海传到欧洲各地。

报纸上写的三大发明真牛！

造纸术也很牛啊！为什么不提呢？

大家对这个发明不都习以为常了吗？

在四大发明中，造纸术是最早问世、最先传入西方、最早被证实源于中国的发明。也许正是因为欧洲人很早就开始使用造纸术，反而觉得习以为常。并且，造纸与印刷往往被视为一个整体，印刷包含了造纸的过程。可能基于以上原因，所以造纸术没有被列入"三大发明"。

虽然造纸术曾被人们忽视过，但纸作为一项产品却一直受到重视，并被赋予了多种额外的功能。早期，纸主要作为书写载体。隋唐时期，纸的用途已经扩大到绘画、摹拓、裱褙、印刷等方面。唐代，人们还穿用皮纸制作而成的纸衣来御寒。宋代，各类纸和纸制品在人们的日常生活中被广泛使用。纸钞的出现促进了货币流通；纸帐和纸被用来避蚊御寒；窗纸用来保温、挡风；油纸用来做纸伞、灯笼和纸瓦……

今天的纸被人们激发出了无限的可能：纸可以用作清洁卫生、包装物品；为了减少塑料污染，降低再生成本，出现了纸盒子、纸袋子、纸吸管、纸餐具，等等。纸不仅是一种材料，更发展成一种艺术形式——纸艺。艺术家通过剪、折、撕、刻、拼、叠、揉、刮等各种方式，赋予纸新的表现形态和生命活力。除了中国传统民间艺术剪纸外，还有纸雕、折纸、衍纸等各类纸艺术品。中国纸艺术家胡又笨将纸与水墨相结合，创作出"大象无形""绵延"等系列作品，让中国传统水墨画从平面走向立体；纸艺术家方圆跳出二维平面，利用纸浆来创作三维立体的雕塑作品……

想想看，你还能用纸做出什么发明与设计呢？

2 活字印刷术

　　造纸术是文明的传承者。纸张是物质材料，而文明是精神财富，产生于人的大脑。怎样让物质材料去承载精神财富呢？

　　那就是写下来。

　　怎样把作为精神财富的文明传播开来呢？

　　早期只有一个办法，那就是抄！

抄书的时代

先秦时期，教育是一件很奢侈（chǐ）的事：不仅学费昂贵，教育效率也十分低下。即便孔子这样的教育家，也只教出了72位杰出的学生。

文化和文明要实现传播和传承的目标，大多要借助书这一载体。**"书籍是人类进步的阶梯。"** 对于这句名言有这样一种解读：找一位好老师也许很难，但找一本好书就相对容易多了，哪怕买不起，只要肯下功夫去抄就行。

儿啊，为父对不起你，没有钱供你读书。

父亲莫担心，儿去给人抄书，既能学习，还能补贴家用。

抄书是一项历史极为悠久的职业。东汉时期，汉灵帝下令校正儒家经典著作，派大臣蔡邕（yōng）等人把**儒家七经**（《鲁诗》《尚书》《周易》《春秋》《公羊传》《仪礼》《论语》）刻成石书，历时**9年**，共制成**46块**石碑。这就是**"熹平石经"**，也称"太学石经""一字石经"。

熹平石经的颁布轰动朝野，其地位类似于我们现在所使用的教科书。每天都有大批读书人围在石经前观看、抄写，甚至堵塞了太学附近的交通，这也促进了抄书业的迅速发展。

汉朝文人需要学习儒家经典，自然要用到书，从此**抄书人**变得越来越多了！

你把抄好的书卖给我，你再抄一遍又不费事，还能挣钱，怎么样？

我一天可以轻松拓十本！

我加油抄，一天可以抄一本！

由于手工抄书的效率太低，大约在南北朝时期，中国人发明了捶拓技术，这其实和现在的字帖影印本有点类似。古人没有影印技术，他们就直接在**碑文**上捶拓，将**浸湿的纸**蒙在石碑上，然后用**拓包蘸墨汁**并轻轻捶压文字，由此得到一份黑底白字或白底黑字的复制品。这可比抄写快多了！

下面我们来试着还原捶拓阴文（表面凹下的文字或图案）石碑的过程。

1. 清洗石碑　　2. 把浸湿的纸蒙在石碑上　　3. 把纸刷匀　　4. 捶压使纸张进入字口
（碑文上各个点画的下笔处）

5. 待纸干燥，形成凹纹　　6. 用拓包蘸墨汁捶压文字　　7. 得到一份黑底白字的复制品

如果是捶拓阳文（文字或图案凸起）石碑，将会得到一份白底黑字的复制品。

妥妥的！这次咱俩肯定能挣大钱。

老哥，你这么弄靠谱吗？

印刷术——文明的传播者

雕版印刷术传播路线

不晚于7世纪初，雕版印刷术问世。现存最早明确记载了印刷年代的是唐朝咸通九年（868年）印刷的《金刚般若波罗蜜经》，该经卷发现于敦煌莫高窟藏经洞，现藏于英国国家图书馆。它构图繁简得当，人物表情生动，刀法纯熟细腻，线条圆润流畅，显然属于版刻艺术成熟期的作品。

中国

7世纪初

中国是雕版印刷术和活字印刷术的起源地，在随后的千余年间，这两种印刷术逐渐向外传播，影响了全世界的文明进程。难怪马克思会说，印刷术"变成对精神发展创造必要前提的最强大的杠杆"。

日本

日本向唐朝派出大量遣唐使，学习大唐的先进文化和技术，雕版印刷术也开始传入日本。日本现存最早的雕版印刷品《百万塔陀罗尼经》，相传约为日本宝龟元年（770年）印制，经文为汉字。

东南亚

与朝鲜半岛、日本类似，东南亚地区也受到汉语文化圈影响，此范围内发现的早期印刷物皆为汉字印刷品，可以佐证中国为雕版印刷术的起源地。

770年

702年

朝鲜半岛

1966年，韩国在庆州市（新罗王朝时的故都）佛国寺修复释迦塔时发现了一部名为《无垢净光大陀罗尼经》的汉字佛经。据考证，该经卷印刷于8世纪初的长安，后被带到朝鲜半岛。

法国

法国传教士罗伯鲁在1253-1255年间，奉法国国王之命出使大蒙古国。回去后，他在著作《罗伯鲁东行记》中介绍了中国人使用印刷纸币进行商业贸易的情况。他是最早向西方宣传中国使用印刷纸币的欧洲人。

1294年

1255年

伊朗

蒙古人在今高加索、伊朗、伊拉克等地建立了伊利汗国，雕版印刷术随之传入。1294年，伊利汗海合都效仿元朝发行印刷纸钞，但仅仅持续了两个月。

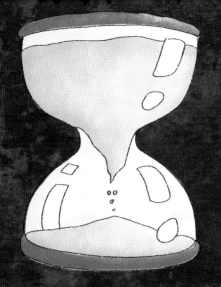

1423 年

德国

　　现存最早的欧洲雕版印刷品是《圣克里斯多夫》，这可能是 1423 年在德国南部刻印的。这种印刷方法和中国的雕版印刷完全相同。

1295 年 ——— **意大利**

　　1295 年，阔别家乡 24 年的旅行家马可·波罗回到威尼斯，作家鲁斯蒂谦将马可·波罗在中国的口述见闻写成了《马可·波罗游记》。当然，除了马可·波罗，当时的宗教战争也让大量的东方雕版印刷品(如纸币、纸牌、版画等)进入欧洲，极大地丰富了中世纪欧洲人的视野。

马可·波罗
（Marco Polo,1254-1324）

摘下活字印刷术的神秘面具

中国

我们需要感谢沈括和他的《梦溪笔谈》,他让全世界知道,世界上最早的活字印刷术是中国宋代的毕昇(shēng)发明的。宋仁宗庆历年间(1041-1048),毕昇发明了泥活字。换言之,最迟在1048年,中国就发明了活字印刷术。

沈括(1031-1095)

1048年 ———————————— **1377年**

朝鲜半岛

韩国发现了一本印刷于1377年,名为《白云和尚抄录佛祖直指心体要节》的古籍。2001年6月,该书被联合国教科文组织确认为世界上现存最古老的金属活字印本。但是,最早的金属活字印本不一定就是最早的活字印本,毕竟只有在活字印刷技术成熟后才会采用贵重的金属材料。

德国

1450 年左右，约翰内斯·古登堡借鉴中国活字印刷术发明了活字印刷机。虽然比毕昇晚了将近 400 年，但古登堡印刷机的发明引发了一次媒介革命，为现代科学文化的大发展奠定了坚实的基础。

约翰内斯·古登堡
（Johannes Gutenberg,1398–1468）

1450年   1593年

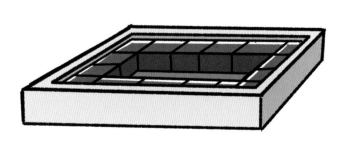

日本

1592 年，日本入侵朝鲜半岛，并将已传至朝鲜的中国活字印刷术带回日本。第二年，日本后阳成天皇主持印刷《古文孝经》，这是日本有记载的最早的活字印刷品。

活字和雕版的比赛

胶泥刻字

用胶泥做成大量规格一致的毛坯，逐个刻上反体单字。

烧字成印

把泥字放入陶窑内烧成陶字。

热版拆字

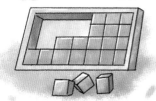

加热铁板，使固定活字的药剂遇热熔化，然后轻轻敲打铁板，活字即可脱落，清理后按音韵放回木盘，以备下次重新利用。

装订成书

将印好的纸张一张张裁切，装订成书。

木盘拣字

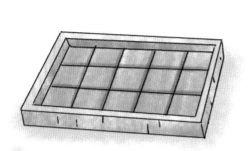

把造好的字模放入木盘内，按音韵进行排序。

铁板排版

用一块带框的铁板作为底托，在框内按文字顺序放入泥活字，并用药剂固定成印版。

覆纸印刷

将纸张覆盖在印版上，用刷子在纸张上轻轻刷几次，使墨汁均匀，字迹清晰。

刷水上墨

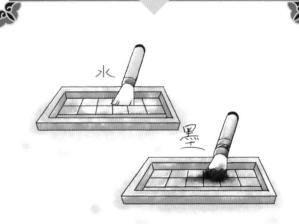

先在印版上刷一层水，使字模润湿后再刷一层墨水。

为什么活字印刷术在西方迅速得到推广，而在中国却始终未占据主流呢？

首先，与西方世界相比，中国日常使用的汉字有 5000 多个，造一套印刷常用活字耗时太长，耗费太大，选字排字又极为复杂。而德文只有 30 个字母，任何单词都可以用这 30 个字母组成，所以古登堡印刷机完全避开了选字的困扰。

元代王祯为了方便拣字，还专门发明了转轮排字盘。但拣字依然是耗时耗力的工作，甚至比印刷还困难。

其次，中国古代一直使用烟墨制造墨水，每刷一次墨水才能印一次，刷不均匀还可能导致缺字漏字。并且活字印刷是字模排版，容易高低不平。雕版印刷是整木雕刻，不会出现这种现象，比活字印刷更实用。而西方使用油墨压印，不仅字迹清晰，最重要的是，刷一次就可以印很多次。

活字印刷术和雕版印刷术都使用刷印，将白纸覆盖上去后要一点一点刷。

而西方使用压印，将白纸覆盖上去后可一次压印成形，方便快捷。

抄书可以换不同颜色的笔，用印刷术怎么才能印出彩色的书呢？

古人想出了套版印刷的方法：用几块大小一样的木板，把有不同颜色要求的部分分别刻版并刷上颜色，分多次印刷就可以得到彩色的书。明代吴兴闵氏和凌氏的套印本极为有名。后来，古人又发明了更复杂的饾（dòu）版印刷，即把彩色画稿按不同颜色分别画出来，刻成一块一块的小木版，然后按照颜色依次套印，最后形成一幅完整的彩色图画。现在通常把饾版称为木刻水印，专门用来复制水墨画、彩墨画和绢画等艺术品，这种印刷方法最能保持原作的风格，被誉为"再创造的艺术"。

古代套印流程图

汉字活字印刷术的推广难度

活字印刷术问世后，雕版印刷术依然盛行于世。为什么雕版印刷术没有被活字印刷术取代呢？

继泥活字之后，人们又尝试制造木活字、金属活字。泥活字、木活字造价低却不易保存，金属活字耐用却价格高昂。此外，汉字的数量太多，导致每次排版和拆版都需要大量时间。

泥活字易碎，木活字易烂，怎么办？

古登堡发明的合金活字坚固易用，还价廉物美！

老板，咱们不能再用铜活字印刷了，太贵了！我们没钱了！

那边也太快了吧！

我是一台印刷机，印刷起来"刷刷刷"！

与雕版印刷术相比，活字印刷术的成本和效率都不占优势。而古登堡印刷机打破了中国活字印刷的困局：它采用的合金活字兼顾价廉与质优；相比汉字，它字母数量有限，排版和印刷效率显著提高。

位于江苏省的扬州中国雕版印刷博物馆，是目前国内唯一一家以雕版印刷为主题的国字号专题博物馆。馆内设有"中国雕版印刷"和"扬州与雕版印刷"两个专题展厅，全面展示了中国雕版印刷的发展简史及对世界文明进程的影响，并以图文、雕塑、VR以及互动演示等多种形式解读了雕版印刷的工艺流程。同时，馆内融陈列展示和保护修复于一体，开创性地以"仓储式陈列"形式，展示了10多万件古籍版片。

《汉瓦当》木刻版及年画

木版年画《一团和气》

木版年画《寿》

木版年画《门童》

＊本页作品由扬州博物馆 扬州中国雕版印刷博物馆藏。

3
火药

易燃易爆炸的火药和治病救人的药之间有什么联系？

烟花？武器？火药究竟有几重身份？它又如何成了封建王朝的终结者？

火药是一种"药"吗

　　火药的发明与古人炼丹有关。古代炼丹家在制丹配药的过程中，发现用于治病的硫磺、硝石和炭混合构成的药极易燃烧，便把这种药称为"着火的药"或"发火的药"，即火药。《本草纲目》中还提到火药能治疮癣、杀虫，辟湿气、防治瘟疫。

　　火药在发明之初被当成一种药物，后来才逐渐运用到军事战争中。马克思认为，火药宣告了欧洲中世纪骑士时代的结束。其实，火药还宣告了冷兵器战争最终被热兵器战争替代，封建制度最终被资本主义终结，等等。

中国至少在晋代就已经发明了火药。那么，作为火药的发明国，为什么会在近代战争中被西方的火器打败呢？

东晋道教理论家、著名炼丹家和医药学家葛洪在其著作中提到了原始火药的配方。

1840年6月，英国人用坚船利炮敲开了清政府的国门，**第一次鸦片战争**爆发，落后的清政府被迫签订了丧权辱国的**《南京条约》**，中国开始逐步沦为半殖民地半封建社会。

中国人发明了火药，但清政府最终却在洋枪洋炮面前一败涂地。

火药送来了吗？

来了！来了！

现在天下太平了，以后就不要再研发新的火药武器了。

中国古代火药的"升级"之路

炼丹

大约在晋代，火药问世了。

抛石机

唐天祐元年（904年），杨行密攻打豫章，用抛石机将火药包投到城楼上。这是最早的火药用于军事的历史记载。

晋代 —— 904年 ——

最早的火药应该是方士炼丹的偶然产物，从其名可知，最开始它还是药。不晚于904年，我国就开始将火药应用于军事。

北宋设立了专门的兵工厂机构——火药作。到了南宋，这类机构更为普遍。

明朝是我国火器发展的高峰时期，各种各样的火铳（chòng）、火炮走上战场。火铳成为军队的制式化装备，火炮也成了守卫边防要塞的主要武器。

一窝蜂

明建文二年（1400年），白沟河之战中，出现了名为"一窝蜂"的火箭。其后还出现了"神火飞鸦"和"火龙出水"等武器，这可看作并联火箭和现代多级火箭的鼻祖。

枪炮

元明更替之际，原本用竹筒制造的突火枪改用铜管或铁管制造，大的是大炮，小的是火铳。

1400年 —— 元明更替之际

火球

火蒺藜

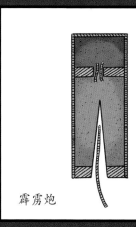

霹雳炮

北宋咸平三年（1000年），唐福发明火球，将其扔出去后会爆炸。

唐福在火球的基础上又研制出用于守城的火蒺（jí）藜（lí）。

北宋靖康元年（1126年），金军围攻汴京，守将李纲用霹雳炮守城。霹雳炮是通过火药升到天空炸开，然后所装载的石灰飘落，用以杀伤敌人眼睛，其实并非严格意义上的火炮。我们认知中的火炮，其具体发明时间还未能考证发现。

1000年　　　　　　　　　　　　　　　　　　　　1126年

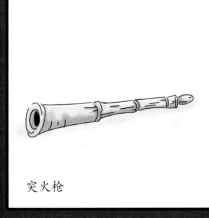

突火枪

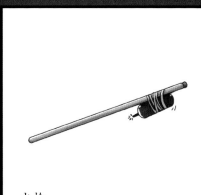

火枪

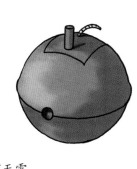

震天雷

南宋开庆年间，人们发明了突火枪。该武器装入子窠（原始的子弹）后点燃引线，借助火药喷发推动子窠杀伤敌人，最大射程可达300米，只是用竹管做枪管，损耗较大，也不太安全。

南宋绍兴年间，军事学家陈规发明了火枪，其构造简单，即在长竹竿上放置火药包，用以烧伤敌人。

北宋末年，将火药放在圆形或葫芦形的铁壳内，爆炸即可伤敌的"震天雷"问世。

南宋开庆年间　　　　　　　南宋绍兴年间　　　　　　　北宋末年

清朝统治者对火器的认识误区

到了 **16 世纪**，欧洲的火器制造技术后来居上。明政府先后引进佛郎机炮与红夷大炮，并进行仿制。1524 年，第一批 32 门佛郎机炮仿制成功。辽东战役中，仅 1618 年至 1621 年，明军补充火器累计大炮 18154 门，佛郎机炮 4090 架，枪类 2080 杆，火药类 1773658 斤，大小铅弹 142368 斤，大小铁弹 1253200 个。1626 年宁远战役中，明朝将领袁崇焕曾调集 11 门红夷大炮猛轰后金大营，迫使努尔哈赤撤军。

清朝康熙皇帝平定三藩时，曾命传教士南怀仁造西方新式火炮。从《**乾隆大阅图**》可判断，对比明末军队，清军的火器无论是装备情况还是技术水平，乃至战术编制，都有很大进步。

康熙帝执政后期，为加强对民间的控制，开始大力限制新式火器的发展，将明代研究火器的《**武备志**》等也一概列为禁书。1683 年底，清政府禁止各地研制新式火炮。雍正年间，清政府几乎将布防在各省的子母炮**全部拆除**。

不好了！英国人已经兵临城下了。

来人啊，把军火库中的大炮推到城墙上来！

大人，那个大炮都 168 岁了！

不能打，吓吓人也好！

此后，中国的火器研发开始走向衰落，导致近代中国在与侵略者的战争中一直处于被动局面。

清政府的官员们惊恐于洋枪洋炮的巨大威力，为了给战败找理由，声称火药是西洋人发明的，且宋代时就从西洋传入，作为"火器西源说"的证据。

8-9 世纪 硝的传播

西方人对火药的记载是怎样的呢？

8 到 9 世纪时，硝从中国传到阿拉伯。当时硝只作药用，阿拉伯人称它为"**中国雪**"，波斯人称它为"**中国盐**"。

13 世纪火药技术传入阿拉伯地区。同时期，希腊人通过翻译阿拉伯文书籍得知火药。而阿拉伯人和欧洲人的宗教战争，又让欧洲人掌握了火器。

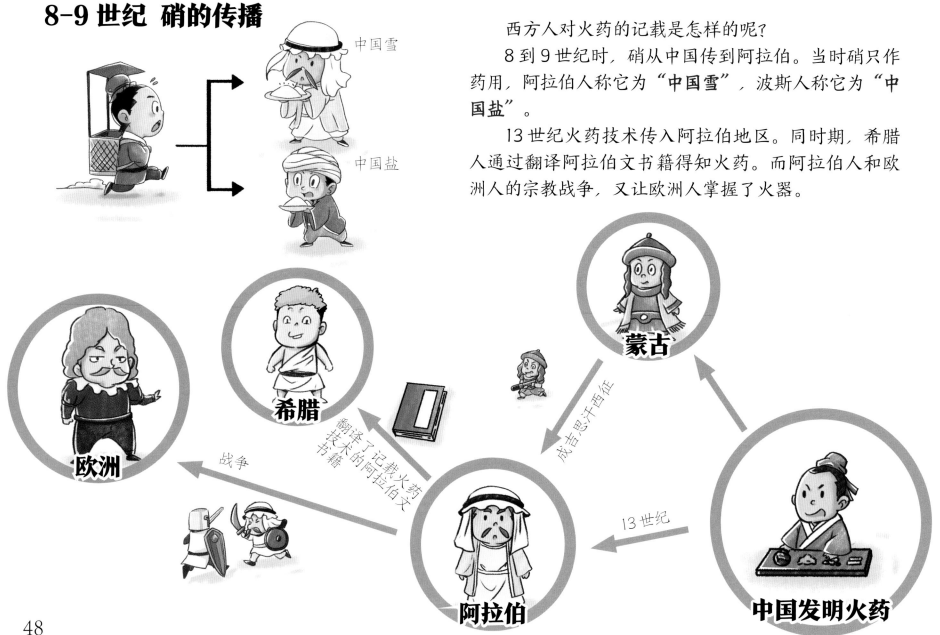

最会"玩"火药的中国人

中国人的浪漫是刻在骨子里的，连有着爆炸危险的火药都能"玩"出花来。

每年春节"噼里啪啦"响个不停的爆竹和绚丽多彩的烟花都是用火药做成的。爆竹和烟花的结构类似，都包含火药和药引，但烟花中还加入了一些发光剂和发色剂，使其能够发出五彩缤纷的颜色。

我国制作烟花爆竹的历史悠久。传说，唐代李畋（tián）制造"硝磺爆竹"来驱除瘴气，民间称他为"花炮始祖"。

到了宋代，我国的烟花制造技艺越发成熟。在当时，人们也将烟花爆竹用于娱乐表演中。

清代，我国的烟花制造技艺几乎达到了炉火纯青的境界。民间各色烟花争奇斗艳；宫廷喜庆时的烟花表演规模宏大，场面十分壮观，连当时在京城的外国贵宾也啧啧称奇。

如今，中国的烟花制造水平不仅处于世界前列，还有着世界最顶级的烟花大师——蔡国强。蔡国强以"火药绘画"闻名。他以"火"为墨，在画布上"点火、爆破、灭火"，创造了《青春期》《观潮图》《夜樱》等诸多艺术作品，点燃了人们对火药艺术的浪漫想象。

天空也是蔡国强的画布，他曾多次参与重大活动的烟花表演设计。2008 年北京奥运会开幕式上，29 个巨型烟花组成的脚印沿着北京中轴线走进鸟巢体育场；2015 年，他用烟花造了一架连接土地和天空的"天梯"；2019 年，70 根光柱和 7 棵绚烂多姿的烟花树点亮北京夜空，并在空中打出"人民万岁"四字，向中华人民共和国七十华诞献礼；2022 年北京冬奥会开幕式上，"春来了""迎客松"和"漫天飘雪"营造出空中的"北国风光"；2024 年巴黎奥运会开幕日，他设计的"天空绘画"《复活》以 16 幕白天烟花与数千架载着色彩喷管的无人机在空中与埃菲尔铁塔共舞……蔡国强一次又一次刷新着人们对烟花表演的印象，将烟花"玩"到极致！

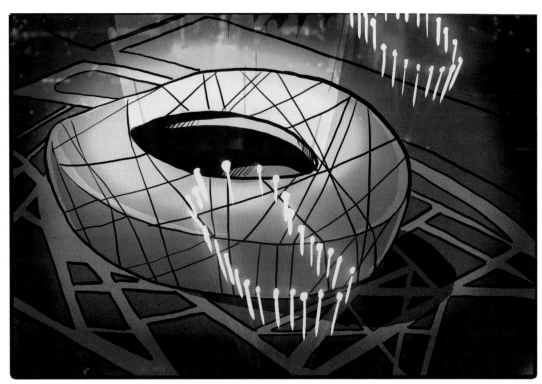

2008 年北京奥运会开幕式

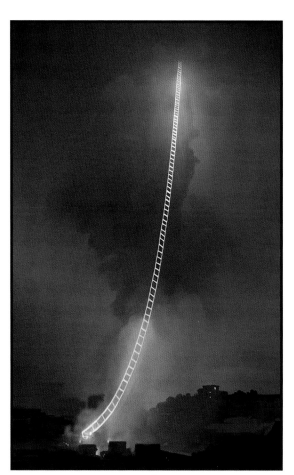

2015 年"天梯"

指南针（司南）

聊指南针(司南)之前，我们先聊聊一件神话传说中的破敌法宝——指南车。

在中国古代神话传说中，黄帝和蚩（chī）尤在涿鹿展开大战时，为了粉碎蚩尤的大雾法术，黄帝造了一个神奇的法宝——指南车，这可能是世界上最早和指南针联系起来的工具了。

这就是世界上最早的指南针吗？

传说中的法宝——指南车

黄帝的指南车是神话中的法宝，无人知道其中构造。指南车一路引领黄帝克敌制胜，因而被后世用作帝王仪仗车辆。

东晋时期，刘裕攻破长安（现陕西西安），灭掉后秦，在众多战利品中发现了一辆指南车。但这辆车只剩下外壳，没有内部零件，也不能指明南北方向。刘裕当了皇帝后，每次出行时就把这辆指南车放在仪仗队前面，还让人躲在车内手工转动木人指向。

指南车作为帝王仪仗工具，它的制造方法在历朝历代都是最高机密。宋代以前，指南车的具体构造一直没有流传下来。《宋史》中详细描述了宋代的两种指南车，对指南车的具体结构和各齿轮大小及齿数做了详细记载。

指南车有一左一右两个轮子，轮子中间是车厢。车厢顶上立着一个小木人，小木人的一只手臂水平前伸，用来指明方向。

宋代的指南车不管车子往哪个方向行进，指示方向一直保持不变。人们让它指向西就会一直指向西，并不是自动指明南北方向。

宋代指南车是依靠齿轮传动系统的定向性来指示方向，它的原理与利用地磁的指南针完全不一样。宋代以后，指南车就绝迹了。现在中国国家博物馆里的指南车，其实是后世依据史料记载仿制的。

我们可以做一个简易的指南针来看看它能不能指明南北方向！

准备：

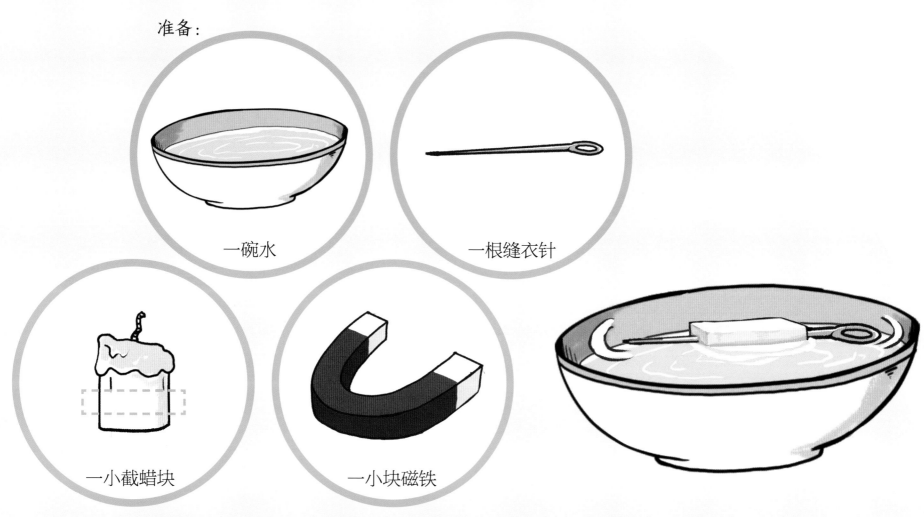

一碗水

一根缝衣针

一小截蜡块

一小块磁铁

步骤：

1.捏住针的针眼，朝着针尖的方向，用磁铁摩擦针一分钟左右。记住要单向摩擦，不能来回摩擦。这样，针就被磁化了。

2.把针横着插进蜡块中。一定要穿透，露出针尖和针眼。

3.把盛满水的碗放到桌子上，并把穿了针的蜡块放进水里。注意碗要足够大，不要让针的两端碰到碗壁。

4.针在水中旋转，当针静止后，针的两端会指向地球的两极。

知道了北方，就能知道其他三个方向，对面是南，右侧是西，左侧是东。

地磁是什么？为什么指南针有了它就能指明南北方向呢？

　　地磁就是地球磁场，是地球内部存在的天然磁性现象。地磁南极在地理北极附近，地磁北极在地理南极附近。由于同名磁极相互排斥，异名磁极相互吸引的原理，在地球磁场的作用下，指南针的北极与地磁南极相互吸引，指南针的南极与地磁北极相互吸引。所以，当指南针静止时，它的北极总是指向地球的北端，南极指向地球的南端。

　　在使用指南针的过程中，古人发现指南针指向的不是地球的正南和正北，而是略微偏离一点。沈括曾在《梦溪笔谈》中记载了这一现象。这是世界上现存最早的磁偏角记录，比西方早了400多年。

　　指南针容易受外界磁场干扰而失灵。后来，科学家们发明了更为精准的卫星导航系统。目前，全球有四大导航系统：美国全球定位系统、欧洲"伽利略"卫星导航系统、俄罗斯"格洛纳斯"卫星导航系统、中国"北斗"卫星导航系统。

谜一样的司南

最早的指南针是什么？对，是司南！

在指南针出现前，司南被认为是古代中国人发明的最重要的方向辨识工具，也是世界上最早的磁性指南工具。

教科书上的"司南"长这样！

这个司南是古代科技史专家**王振铎**复原的司南**模型**。真实的"司南"到底是什么样子，迄今还有很大争议。

其中一个争议焦点是，王氏司南因为摩擦力过大，磁勺必须通过电磁场变成人工磁化后的强磁体才有指南作用，这种强磁体在自然条件下不可能存在，古代的技术条件也造不出来。

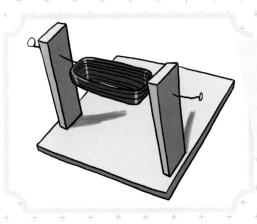

电磁场强磁化需要在磁勺上缠绕绝缘导线，然后通入直流电进行强磁化。

磁石都在这里了。

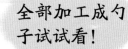

全部加工成勺子试试看！

全都不能指明南北方向呀！

磁铁肯定是可以指明南北方向的，那用磁铁制造的勺子能不能？物理学家分析：勺子太大，与底盘接触面积也大，而磁性又太小，微弱的磁力根本**无法克服摩擦力**。换句话说，指南针之所以可以指明南北方向，是因为磁力就只够转动磁针。

王振铎

王振铎（1911-1992），中国博物馆学家兼古代科技史学家，研究复原了指南车、记里鼓车、候风地动仪、水运仪象台等百余种古代科技模型。

　　《韩非子》和《鬼谷子》都曾提及"司南"二字，但没人知道司南是什么样子。后世流传的对司南形象的联想主要源于**东汉王充的《论衡》**："司南之杓（sháo），投之于地，其柢（chí）指南。"我们通常认为，"杓"的意思是勺子，"柢"的意思是勺柄。可惜，古代并没有司南的实物模型或图像流传下来。

　　难怪教科书中但凡司南的图片后都要加个括号，写上**"模型"**两个字呢！因为真实的司南可能不是我们所看到的样子！

"铁勺盛放磁石"指向测试　　"片状磁石水浮"指向测试　　"磁石与小铜勺"指向测试　　"磁化铁勺"指向测试　　"磁石悬吊"指向测试

来自大自然的"指南针"

在野外参加露营活动或探险活动时，人们可能会因为不熟悉周围的地形和环境而迷路。我们习惯用指南针确定方向或用手机导航，如果身边没有这些工具，该怎么辨别方向呢？

其实，大自然里有很多天然的"指南针"，学会利用这些"指南针"，我们就能认清方向，最终找到回家的路。

太阳是最常见的天然"指南针"。太阳东升西落，我们可以通过日出和日落来确定方向。

也可以通过日影来判断方位。阳光下物体的影子是自西向东移动的，因此将一根棍子垂直插在平地上，观察影子移动的方向，就能辨别东西方向。

根据日影移动规律，古人还造出了天文仪器——圭表和日晷。

圭表

日晷

在能看见星星的夜晚，可以通过北极星来确定方向，北极星所在的方向就是正北方。我们该怎么在茫茫星海中找到北极星呢？要先找到像勺子一样的北斗七星，把勺口上的两颗星星连接起来，在它的延长线上有一颗闪亮的星星，那就是北极星。

在森林里迷路时，树木是判断方向的好帮手。因为我国大部分地区都位于北回归线以北，阳光从南面照射过来，树木南面吸收的热量比北面多，所以南面的树枝长得更繁茂、粗壮，北面的树枝则稀疏、细弱。也可以利用树桩上的年轮来判断方向。因为树木南面的枝叶长得比北面快一点，年轮的间距也宽一些，所以年轮间距宽的树桩部分朝南，间距密的朝北。

除了这些，还有许多在野外辨别方向的小窍门！例如，在北半球，石头上长满青苔的一侧为北面，光秃秃的一侧是南面，南半球则相反。蚂蚁喜欢温暖干燥的环境，所以蚂蚁洞口一般朝南。桃树、松树分泌的胶脂多在南面……

学会了利用这些来自大自然的"指南针"，就再也不害怕在野外迷路啦！

现实中的指南针

中国古代指南针发展历程

指南车

现实里的指南车只能在陆地行驶时保持指示方向不变，并不能自动指南。

司南

应可以随身携带，但具体情况未知。

指南舟

晋代曾有指南舟，可用于水路交通，但具体情况未知。

指南龟

《事林广记》记载了离水也可以指南的指南龟，这可能是旱罗盘的雏形。

指南鱼

宋仁宗时期，曾公亮和丁度编修的《武经总要》记载了一种可以通过人工磁化进行指南的指南鱼。

指南针

不晚于宋神宗时（约1068年），出现了四种类型的指南针，其中缕悬式效果最好。

改进型指南鱼

后来，在指南鱼的基础上又有了一种改进型指南鱼，摆脱了容易沉底的困扰。

旱罗盘

1985年5月，江西临川的南宋邵武知军朱济南墓中出土了一件风水堪舆（yú）罗盘的张仙人俑。虽用于堪舆，但也说明早在南宋，我国已经发明了旱罗盘。

水罗盘

北宋时，中国人就已将指南针应用于航海。明初，航海家郑和利用水罗盘完成了七下西洋的壮举。

1959 年，辽宁旅顺甘井子元代墓葬中出土了一个水罗盘——针碗。

目前的证据可以证明，不晚于北宋时期，中国人已就不再拘泥于天然磁石。钢针人工磁化法标志着我国的指南针技术已经进入到实用阶段。

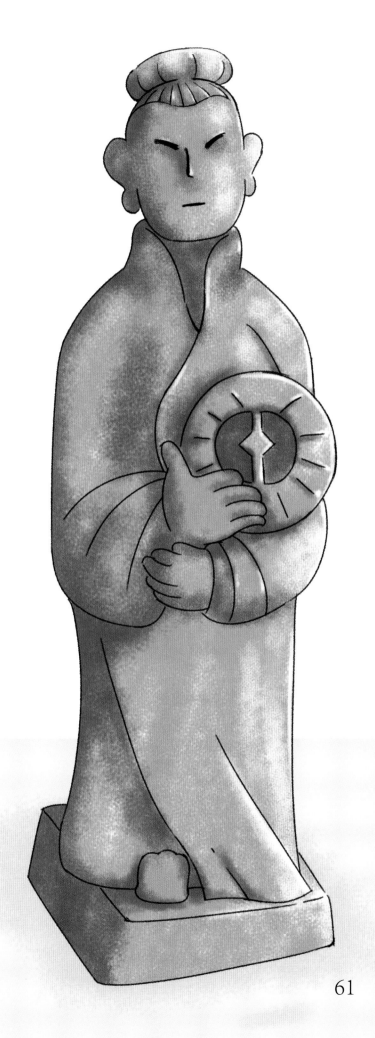

史学界曾认为水罗盘是中国发明的，而旱罗盘是欧洲发明的，16 世纪才经日本传入中国。直到 1985 年 5 月，伴随着张仙人俑的重见天日，史学界才确定**旱罗盘**也是**中国人发明**的。

话说回来，如果中国古代的科学技术都能流传下来，那该有多好啊！

1933 年，鲁迅先生在《电的利弊》一文中曾说过："外国用火药制造子弹御敌，中国却用它做爆竹敬神；外国用罗盘针航海，中国却用它看风水……"

1954 年，英国学者李约瑟在他出版的《中国科学技术史》第一卷序言中正式提出一个问题：为什么资本主义和现代科学起源于西欧，而不是中国？

1976 年，美国经济学家肯尼思·博尔丁将其称之为"李约瑟难题"。后来，又有很多人把"李约瑟难题"进一步推广，提出"中国近代科学为什么落后""中国为什么在近代落后了"等问题，争论非常热烈。

对此，李约瑟本人的答案是：

▶ ——是中国没有具备宜于科学成长的自然观。

陛下，地动是有规律的。

东汉阳嘉元年（132 年），**张衡**发明**候风地动仪**并准确测出陇西地震，这是世界上第一架地动仪。

张衡你是不是疯了？地动是上天警示我不要犯错，我犯不犯错还有规律？

▶ **二**是中国人太讲究实用，很多发现滞留在了经验阶段。

师父，为什么青蒿可以用来治疗疟疾呢？

你问这个干啥？能治不就行了？

2015年10月，**屠呦呦**因发现**青蒿素**获得诺贝尔生理学或医学奖，青蒿素可以有效降低疟 (nüè) 疾患者的死亡率。

因为我们才弄明白青蒿为什么可以用来治疗疟疾。

屠老师，1500多年前，中国人就知道青蒿可以用来治疗疟疾，为什么直到今天才提取出疗效更好的青蒿素呢？

▶ **三**是中国的科举制度扼杀了人们探索自然规律的兴趣，思想被束缚在书籍和名利上，"学而优则仕"成了读书人的第一追求。

父亲，你为什么一定要我参加科举？

像我一样行医是没有出息的，只有入仕才是正道！

明代医学家李时珍年少的时候，曾按照父亲的意愿弃医从文，钻研科举。

▶ **四**是中国儒家学术传统只注重道德的培育，不注重定量管理。

袁老师的这菜谱里写着盐少许、油少许、料酒也少许……全是少许，少许到底是多少啊？

看心情呗，心情好就少放点，不好就多放点。

袁枚是清代乾嘉时期的美食家，有烹饪著作《随园食单》一卷存世，记载了当时流行的**326种**南北菜肴，但袁枚本人并**不会厨艺**。

▶ **五** 是缺乏科学技术发展的环境。

另外，本书也提出一个思考角度，那就是——

武备院是清代内务府武器研究机构，康熙二十二年（1683年），康熙帝将明代研究火器的《武备志》列为禁书，不准流传刊行，并禁止武备院研制新式火炮。

中国古代师徒传承制度有重大缺陷。

古代没有专利法，工匠们的发明只能在"传男不传女"和"教会徒弟饿死师父"的环境下秘密流传，往往一代仅传一人，临死前还要留一手。宋元以后，因长期战乱以及朝廷的不重视，可能有海量的民族传承消失于历史长河中。

还有哪些原因呢？我们要从中吸取什么经验和教训呢？这些问题就留给你们继续思考吧！

图书在版编目（CIP）数据

四大发明背后的百年谜题 / 陆小陆文；猫先生绘
. — 南京：江苏凤凰美术出版社，2025.3
ISBN 978-7-5741-0667-3

Ⅰ.①四… Ⅱ.①陆…②猫… Ⅲ.①技术史-中国
-古代-青少年读物 Ⅳ.① N092-49

中国国家版本馆 CIP 数据核字 (2023) 第 253541 号

选题策划	朱 婧	
责任编辑	王 璐	高 静
装帧设计	宸唐工作室	
特邀审读	于 磊	熊丽娟
责任设计编辑	樊旭颖	
责任监印	生 嫄	
责任校对	奚 鑫	

特别感谢：扬州博物馆 扬州中国雕版印刷博物馆

书　　名	四大发明背后的百年谜题
文　　字	陆小陆
绘　　图	猫先生
出版发行	江苏凤凰美术出版社（南京市湖南路 1 号 邮编：210009）
印　　刷	鹤山雅图仕印刷有限公司
开　　本	889 mm×1 194 mm 1/12
印　　张	6
版　　次	2025 年 3 月第 1 版
印　　次	2025 年 3 月第 1 次印刷
标准书号	ISBN 978-7-5741-0667-3
定　　价	68.00 元